中小户型

创意方案设计 2000 例

◎锐扬图书/编

SMALL FAMILY CREATIVITY PROJECT
DESIGN 2000 EXAMPLES

NEW!

背景墙

中国建筑工业出版社

图书在版编目 (CIP) 数据

中小户型创意方案设计2000例　背景墙/锐扬图书编.――北京：
中国建筑工业出版社，2012.9
ISBN 978-7-112-14622-2

Ⅰ.①中…　Ⅱ.①锐…　Ⅲ.①住宅-装饰墙-室内装
修-建筑设计-图集　Ⅳ.①TU767-64

中国版本图书馆CIP数据核字（2012）第201267号

责任编辑：费海玲　张幼平
责任校对：党　蕾　陈晶晶

中小户型创意方案设计2000例
背景墙
锐扬图书/编
*
中国建筑工业出版社出版、发行（北京西郊百万庄）
各地新华书店、建筑书店经销
北京锐扬图书工作室制版
北京方嘉彩色印刷有限责任公司印刷
*
开本：880×1230毫米　1/16　印张：6　字数：186千字
2013年1月第一版　　2013年1月第一次印刷
定价：29.00元
ISBN 978-7-112-14622-2
(22670)

FOREWORD 前 言

　　所谓中小户型住宅即指普通住宅，户型面积一般在90m²以下。在建设节能、经济型社会的大背景下，特别是在国内土地资源有限、城市化进程加速发展、房价居高不下的情况下，中小户型已经成为城市住宅市场的主流。

　　由于中小户型在国内设计中还处于初级阶段，对于中小户型而言，较高的空间利用率显得更为珍贵，户型设计也就更为重要。人们对住宅的使用功能、舒适度以及环境质量也更加关心。中小户型不等于低标准、不等于不实用，也不等于对大户型的简单缩小和删减，在追求生活品质的今天，只有提高住宅质量，提高住宅性价比，中小户型住宅才能有生命力，才会得到消费者的认可。要提升中小户型产品的品质和适应性，应该抓住影响和决定这些指标的要点，通过要点的解析，优化设计，达到"克服面积局限、优化户型"的根本目标。即使面积小，但只要通过精细化设计，依然可以创造出优质的居住空间。

　　《中小户型创意方案设计2000例》系列图书分为《客厅》、《门厅过道　餐厅》、《背景墙》、《顶棚　地面》、《卧室　休闲区》5个分册，全书以设计案例为主，结合案例介绍了有关中小户型装修中的风格设计、色彩搭配、材料应用等最受读者关注的家装知识，以便读者在选择适合自己的家装方案时，能进一步提高自身的鉴赏水平，进而参与设计出称心、有个性的居家空间。

　　本书所收集的2000余个设计案例全部来自于设计师最近两年的作品，从而保证展现给读者的都是最新流行的设计案例。是业主在家庭装修时必要的参考资料。全文采用设计案例加实用小贴士的组织形式，让读者在欣赏案例的同时能够及时了解到中小户型装修中各种实用的知识，对于业主和设计师都极富参考价值。本书适用于室内设计专业学生、家装设计师以及普通消费大众进行家庭装修设计时参考使用。

CONTENTS 目录

电视背景墙

TV Backround Wall

Comment on Design

白色基调的背景墙，在电视柜与玄关隔断镂空的装饰下，突出了设计感。

电视背景墙设计应遵循哪些原则？

　　1. 电视背景墙设计不能凌乱复杂，以简洁明快为好——墙面是人们视线经常注意的地方，是进门后视线的焦点，它就像一个人的脸一样，略施粉黛，便可令人耳目一新。现在的主题墙设计以简约风格为时尚。

　　2. 色彩运用要合理。从色彩的心理作用来分析，色彩可以使房间看起来变大或缩小，给人以"凸出"或"凹进"的印象，可以使房间变得活跃，也可以使房间看起来宁静。

　　3. 不能为做电视背景墙而做电视背景墙，电视背景墙的设计要注意家居整体的搭配，需要和其他陈设配合与映衬，还要考虑其位置的安排及灯光效果。

Comment on Design

如果觉得形式简单的背景墙不够突出，可以对背景墙进行灯光渲染，不仅环保而且效果很好。

Comment on Design

绿色调代表了健康舒适的家居背景墙设计, 两边的曲线造型更为轻松、随意, 做法及构思也更为灵活。

Comment on Design
背景墙黑白色调的层次感
与一虚一实的变化，给空间
增添个性时尚味道。

Comment on Design
电视背景墙选用了简单的
白色为主色调，没有过多
的装饰，只为了突出电视
机这个主角。

电视背景墙设计应该注意哪些问题？

　　电视背景墙设计应该服务于设计风格的总体，又突出强化设计风格。电视背景墙的装饰材料很多，有用木质的、天然石的，也有用人造石及布料的。对于电视背景墙而言，采用什么材料并不是很重要的事情，最主要的是要考虑电视背景墙造型的美观及对整个空间的影响。客厅电视背景墙作为整个居室的一部分，绝对不能为了单纯的突出个性而让其与整体空间产生强烈的冲突。电视背景墙应与其周围的风格融为一体，运用细节化、个性化的处理让电视背景墙融入整体空间。电视背景墙如果具有中心倾向，那么应考虑与电视机的中心相呼应；如果具有左右倾向，那么应考虑沙发背景墙是否有必要做类似元素的造型进行呼应。

Comment on Design

背景墙中心为实木饰面，两侧为木窗棂隔与玻璃的混搭，充分展现了古朴与现代的感觉。

Comment on Design
以绿色植物来共同装饰电视背景墙，给空间带来自然温馨的感觉。

Comment on Design
背景墙上的中国红具有强烈的视觉冲击感, 宜再摆放一些绿色植物, 舒缓这种冲击感。

Comment on Design
红色调的背景墙与客厅的吧台
相融合，打造了浪漫、温馨的
空间。

如何确定客厅电视背景墙的合理面积?

客厅电视背景墙作为视觉的焦点，在设计时须注意其面积大小与整个客厅空间比例的协调，要考虑客厅不同角度的视觉效果，在设计中不能过大或过小。

如果客厅面积较大，电视背景墙面也很宽，在设计的时候可以适当对该墙体进行一些几何分割，这样可在平整的墙面塑造出立体的空间层次，起到点缀、衬托的作用，也可以起到区分墙面功能的作用。

如果客厅面积较小，电视背景墙面也很狭窄，在设计的时候就应该运用简洁、突出重点、增加空间进深的设计方法，比如选择深远的色彩，运用统一甚至单一材质，以起到在视觉上调整并完善空间效果的作用。

Comment on Design
粉色条纹与山水画组合的电视背景墙，混搭风格给人以时尚个性的感觉。

Comment on Design
背景墙中心为艺术花纹壁纸，周围用镜面玻璃装饰，一虚一实的变化，给空间增添个性时尚味道。

Comment on Design

简洁的白色混油背景墙装饰，在发光灯带的晕染下，给人简洁干净的感觉。

Comment on Design
手绘背景墙最大的特点就是简约, 不占用空间, 而且非常环保。

如何设计小户型客厅电视背景墙？

　　小户型客厅的面积有限，因此电视背景墙的面积不宜过大，颜色以深浅适宜的浅灰色为宜。在选材上，不适合使用那些太过毛糙或厚重的石材类材料，以免带来压抑感。可以利用镜子装饰局部，带来扩大视野的效果。但要注意镜面不宜过大，否则容易给人造成眼花缭乱的感觉。另外，壁纸类材料往往可以带给小户型空间温馨多变的视觉效果，深受人们的喜爱。

Comment on Design
电视背景墙选择了原木色拼版造型，规则的圆形图案装饰点缀，格外凸显设计感。

Comment on Design

背景墙上的几何图形,
丰富了空间,注入了更
多活力。

如果电视背景墙面积过大，可以考虑用相应材质围合成一个画框，这样可以呈现出画中画的效果。

Comment on Design

如果电视背景墙面积过大，可以考虑用相应材质围合成一个画框，这样可以呈现出画中画的效果。

灰色调的背景墙与黑白色
调的电视柜相互融合，带
给人低调、收敛的感受。

如何设计客厅电视背景墙的照明？

　　客厅电视背景墙的照明设计，多处理为主要饰面
的局部照明，并应与该区域的顶面灯光相协调，灯罩尤
其是灯泡应尽量隐蔽。背景墙的灯光明亮度要求不高，
且光线应避免直射电视、音箱和人的脸部。收看电视时，
只要有柔和的反射光作为基本的照明就可以了。

Comment on Design

白色乳胶漆上手绘图案与樱桃木饰面组成了电视背景墙，给人简约舒适的感觉。

Comment on Design
在背景墙中装饰一些鹅
卵石和绿色植物,让人们
在家也可以贴近自然。

Comment on Design
黑白色调的花卉背景墙
装饰,让整面墙的表情更
加丰富生动。

Comment on Design
灰色的抽象枝叶的纹理图案与一盆绿色植物形成鲜明对比, 丰富了空间的表情。

如何通过电视背景墙改变客厅的视觉进深？

电视背景墙一般距离沙发 3m 左右，这样的距离是最适合人眼观看电视的距离，进深过大或过小都会造成人的视觉疲劳。如果进深大于 3m，那么电视背景墙设计的宽度要尽量大于深度，墙面装饰也应该丰富，可以给电视背景墙贴上壁纸、装饰壁画，或者给电视背景墙刷上不同颜色的油漆，在此基础上再加上一些小的装饰画框，这样在视觉上就不会感觉空旷。如果客厅较窄，电视背景墙到沙发的距离不足 3m，可以通过设计错落有致的造型进行弥补。例如，可以在墙上安装一些突出的装饰物，或者安装装饰搁板或书架，以弱化电视的厚度，使整个客厅有层次感和立体感，空间的延伸效果就出来了。

Comment on Design
宽敞的空间中，背景墙黑白色调、不同肌理图案的融合，突显了现代时尚之风格。

Comment on Design
白色混油镂空造型在镜面
玻璃的映衬下, 活跃了客厅
的气氛。

Comment on Design

红白色调完美混搭的电视背景墙，尽显甜蜜情调、轻松舒适。

以白色为基调的背景墙，底部的黑色图案装饰，起了画龙点睛的作用。

电视背景墙的施工要考虑哪些因素？

　　1. 考虑地砖的厚度：造型墙面在施工的时候，应该把地砖的厚度、踢脚线的高度考虑进去，使各个造型协调。如果没有设计踢脚线，面板、石膏板的安装应该在地砖施工后，以防受潮。

　　2. 考虑灯光的呼应：电视背景墙一般与顶面的局部吊顶相呼应，吊顶上一般都有灯，所以不仅要考虑墙面造型与灯光相呼应，还要考虑不要强光照射电视机，避免观看节目时眼睛疲劳。

　　3. 考虑沙发的位置：沙发位置确定后，确定电视机的位置，再由电视机的大小确定电视背景墙的造型。

　　4. 考虑客厅的宽度：人的眼睛与电视机的最佳距离是电视机尺寸的3.5倍，因此不要把电视背景墙做得太厚，以免人与电视机的距离过近。

　　5. 考虑空调插座的位置：有的房型空调插座正好处于电视背景墙的这面墙上。这样，木工做电视背景墙时，要注意不要把空调插座封到背景墙的里面，需要先把插座挪出来。

Comment on Design
电视背景墙以实木饰面，上下对称的窗棂格形式与吊灯相得益彰，传达了雅致的中式风格情趣。

Comment on Design
不对称的电视背景墙设计与不
对称的电视柜造型似乎暗含着
某些关联，但却给人自然和谐的
感觉。

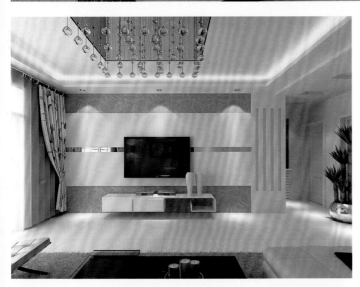

沙发背景墙如何设计？

　　沙发背景墙在施工时先根据设计图放样，定好各点的准确位置。用18mm的木工板根据实际高度做成200mm×200mm的木空心柱，先固定好三个边和两个截面，最后一面待木柱固定好后再安装。用木工板做好当中的圆弧造型，贴上饰面板备用。在顶部和地面确定好的位置打眼、放上木桢，用地板钉把木柱固定并安装上最后一面和圆弧造型。在贴饰面板时要注意边角要裁成45°进行对角。

沙发背景墙
Sofa Background Wall

Comment on Design
黑白色的装饰画装扮的背景墙与空间的主色调和谐统一，呈现一个简约时尚的完美空间。

Comment on Design
黑白红的装饰画色调, 活跃了白色
调的沙发背景墙。

Comment on Design

整面白色调的沙发背景墙，一盏黑色地灯打破了白色的安静，丰富了空间的表情。

沙发背景墙软包施工应注意什么？

　　1. 切割填塞料"海绵"时，为避免"海绵"边缘出现锯齿形，可用较大铲刀及锋利刀具将"海绵"边缘切下，以保整齐。

　　2. 在粘结填塞料"海绵"时，避免用含腐蚀成分的胶粘剂，以免腐蚀"海绵"，造成"海绵"厚度降低，底部发硬，以至于软包不饱满。

　　3. 面料裁割及粘结时，应注意花纹走向，避免花纹错乱，影响美观。

　　4. 软包制作好后用胶粘剂或直钉固定在墙面上，水平度、垂直度要达到规范要求，阴阳角应进行对角。

Comment on Design

沙发背景墙的三幅黑白抽象画打破了客厅墙面的单调。

Comment on Design

三个青花瓷瓶点缀了白色调的沙发背景墙，给空间增添雅致的艺术气息。

Comment on Design

在电视墙区域设置一些空间，可用来摆放一些自己喜爱的装饰品，而且随时可以替换，简单却不失品味。

Comment on Design

装饰画作为空白的沙发背景墙装饰, 是为客厅的简约风格的画龙点睛之笔。

沙发背景墙砂岩浮雕施工要点有哪些？

1. 墙体处理平整后，将要安装的砂岩浮雕在水平地面上按顺序摆放，用记号笔标明每一块浮雕在墙体上的位置。

2. 按一定的顺序（从下到上，从左到右）将浮雕贴在墙体上，用手钻在浮雕较厚的地方钻一个与螺钉直径大小一样的孔，需钻透，顺便在对应墙体的位置做个记号，然后把砂岩浮雕取下来放在安全清洁的地方。

3. 再用大一些的钻头（钻头直径和膨胀螺栓直径应相符）在浮雕上钻孔，其直径使螺钉刚好陷进去，螺帽露出即可。

4. 用冲击钻在已做记号的墙体位置上钻一个孔，再将膨胀管敲进孔里。

5. 将砂岩浮雕紧贴在墙体上，再用自攻螺丝固定砂岩浮雕（要求安装的每一块砂岩浮雕要横平竖直，分割成两块以上的，要保证浮雕接缝处平整，不能有高低差，图案过渡自然流畅）。

6. 砂岩浮雕具有热胀冷缩的物理性质，因此每块砂岩浮雕之间应留伸缩缝。

Comment on Design

咖啡色花纹艺术壁纸，给沙发背景
墙增添了一丝艺术气息。

Comment on Design

沙发背景墙的装饰画要符合室内
整体装修风格。

Comment on Design
背景墙上黑晶玻璃的
雅致，搭配黄色灯光，
营造了个性空间。

沙发背景墙木板饰面施工应注意什么？

　　木板饰面可做各种造型，具有各种天然的纹理，可给室内带来华丽的效果，一般是在9mm底板上贴3mm饰面板，再打上纹钉固定。要引起注意的是：木板饰面做法犹如中国画画法，一定要"留白"，把墙体用木板全部包起来的想法并不理智，除了增加工程预算外，对整体效果帮助不大。

　　饰面板进场后应该刷一遍清漆作为保护层。木板饰面中，如果采用饰面板装饰，可能技术问题不大，但如果采用的是夹板装饰，表面刷漆（混油）的话，可能就有防开裂的要求了。木饰面防开裂的做法是：接缝处要45°角处理，其接触处形成三角形槽面；在槽里填入原子灰腻子，并贴上补缝绷；表面调色腻子批平，然后再进行其他的漆层处理（刷手扫漆或者混油）。

Comment on Design

黑白色调的装饰画使简洁的沙发背景墙不致过于单调。

Comment on Design

设计上的细节把握,每一个细小的局部和装饰,都能体现背景墙简约的装修风格。

Comment on Design

沙发背景墙留下空白，目的是让客
厅更加简约现代。

Comment on Design
白色调的简约式背景
墙，与空间的清雅风
格协调一致。

木质材料沙发背景墙如何做到环保？

　　用饰面板制作电视背景墙的人很多。饰面板可选择的花色、品种很多，容易搭配，根据最新实施的《室内装饰装修材料人造板及其制品中甲醛释放限量》的要求，直接用于室内的建材的甲醛释放量一定要小于每升1.5mg，如果甲醛释放量大于或等于每升5mg，则必须经过饰面处理后才能用于室内。甲醛释放量超出每升5mg即为不合标准。

Comment on Design

白色是一种"无色胜有色"的装饰手法，让沙发背景墙演绎着青春和摩登。

Comment on Design

白色混油饰面板的搁物架
造型,为沙发背景墙增添了
律动的音符。

Comment on Design

在沙发背景墙装饰一两件富有艺术气息的装饰画,可起到为配饰点睛的作用。

Comment on Design

苹果绿色调的背景墙, 给空间带来了盎然春意。

石膏板背景墙施工须注意哪些问题?

　　纸面石膏板内墙装饰的方法有两种:一种是直接贴在墙上,另一种是在墙体上涂刷防潮剂,然后铺设龙骨(木龙骨或轻钢龙骨),将纸面石膏板镶钉在龙骨上,最后进行板面修饰。背景墙在施工时应特别注意墙面上的不规则造型,要按照设计图纸进行绘制,弧度处理要自然。基层一般先用木质板做好造型,再在表面封上石膏板,石膏板之间应留出伸缩缝,在刷乳胶漆时要特别注意两种颜色的处理,应先刷好一种颜色,干后再刷另一种颜色,要特别注意成品的保护。在原墙面上处理好基层后刷绿色乳胶漆,然后再做一个石膏板造型墙。石膏板对接时要自然靠近,不能强压就位,板的对缝要按1/2错开,墙两面的对缝不能落在同一根龙骨上,采用双层板;第二层板的接缝不能与第一层板的接缝落在同一竖龙骨上。

Comment on Design

三幅同色调的装饰画,白色的基调营造了简约清雅的沙发背景墙。

Comment on Design

米黄色调的沙发背景墙装饰，总能给人带来无限的温馨和浪漫。

Comment on Design

黄色沙发背景墙，给空间增
添了温馨、舒适的感觉。

Comment on Design

利用灰色调花纹壁纸,可打造简约静雅的沙发背景墙。

大理石背景墙的施工要点有哪些？

　　铺设大理石时，应彻底清除基层灰渣和杂物，用水冲洗干净、晾干。结合层必须采用干硬砂浆，砂浆应拌匀，切忌用稀砂浆。铺砂浆湿润基层，水泥素浆刷匀后，随即铺结合层砂浆，结合层砂浆应拍实揉平。面板铺贴前，板块应浸湿、晾干，试铺后，再正式铺镶，定位后，将板块均匀轻击压实。

　　在验收时应着重注意大理石铺贴是否平整牢固，接缝是否平直，是否无歪斜、污渍和浆痕，表面是否洁净，颜色是否协调等。此外，还应注意接缝有无高低偏差、板块有无空鼓。

Comment on Design
沙发背景墙中灰色调的镂空雕饰，让空间充满艺术气息。

Comment on Design

金色花纹的黄色装饰壁纸作为沙发背景墙，在灯光的晕染下，显得高贵、大气。

Comment on Design
黑白红色调的沙发背景墙与空间在
视觉上塑造了和谐统一的整体。

Comment on Design

以窗户为沙发背景墙，白天可以
使空间开阔明亮，晚间淡蓝色调
窗帘则给人清新的感觉。

Comment on Design

两幅装饰画, 打造了简约风格的沙发背景墙。

餐厅背景墙

Dining Room Background Wall

餐厅墙面如何设计？

　　创造具有文化品位的生活环境，是室内设计的一个重点。在现代家庭中，餐厅已日益成为重要的活动场所。餐厅不仅是全家人共同进餐的地方，也是宴请亲朋好友、交谈与休息的地方。餐厅墙面的装饰手法除要依据餐厅整体设计这一基本原则外，还特别要考虑到餐厅的实用功能和美化效果。此外，餐厅墙面的装饰要注意突出自己的风格，这与装饰材料的选择有很大关系。显现天然纹理的原木材料，会透出自然淳朴的气息；而深色墙面显得风格典雅，气韵深沉，富于浓郁的东方情调。

Comment on Design

餐厅白色基调的墙面和实木饰面的酒柜，充分显现出自然质朴的特性。

Comment on Design
三幅装饰画使简约的餐
厅背景墙，隐隐透出艺术
的无限魅力。

Comment on Design
以黑白两色为主的艺术玻璃装
扮餐厅墙面，冷酷之中透露出家
的温情。

餐厅墙面的色彩设计应注意什么？

在就餐时，色彩对人们的心理影响是很大的，餐厅色彩能影响人们就餐时的情绪，因此餐厅装修绝不能忽略色彩的作用。餐厅墙面的色彩设计因个人爱好与性格不同而有较大差异，但总的来讲，墙面的色彩应以明朗轻快的色调为主，经常采用的是橙色以及相同色相的"姐妹"色。这些色彩都有刺激食欲的功效，它们不仅能给人以温馨感，而且能提高进餐者的兴致，促进人们之间的情感交流。当然，在不同的时间、季节及心理状态下，对色彩的感受会有所变化，这时可利用灯光的折射效果来调节室内色彩气氛。

Comment on Design
灰色基调的墙面和白色的壁龛，给简约的餐厅增添了艺术美感。

Comment on Design
淡粉色花纹壁纸铺满餐厅墙
面，使就餐环境更加亲切、
温馨。

Comment on Design

咖啡色纹理的艺术壁纸装饰餐厅墙面,可使就餐环境显得安静优雅。

Comment on Design
明黄色的墙面装饰，
鲜亮的色彩制造了冲
击力，使餐厅简洁而
富有个性。

餐厅墙面宜选择什么类型的装饰画？

在餐厅内配挂明快欢乐的装饰画，能带来愉悦心情，增加进食欲望。水果、花卉和餐具等与吃有关的装饰画是不错的选择，把由明亮色块组成的抽象画挂在餐厅内也是近来颇为流行的一种搭配手法。

Comment on Design
餐厅墙面三幅色彩鲜艳的装饰画，视觉上给人愉悦感。

Comment on Design
艺术玻璃的墙面装饰，更能衬托
餐桌上的美味佳肴。

Comment on Design

实木贴面与镜面玻璃组合的背景墙，营造了优雅的就餐环境。

Comment on Design
茶色玻璃和广告钉装饰
的餐厅墙面, 时尚而富
有个性。

面积偏小的餐厅墙面宜选择什么样的壁纸图案？

　　对于面积较小的餐厅，使用冷色壁纸会使空间看起来更大一些。此外，使用一些亮色或者浅淡的暖色加上一些小碎花图案的壁纸，也会达到这种效果。中间色系的壁纸加上点缀性的暖色小碎花，通过图案的色彩对比，也会巧妙地转移人们的视线，在不知不觉中扩大原本狭小的空间。

Comment on Design
绿色调装饰画点缀着实木拼条的餐厅背景墙，营造了个性餐厅。

Comment on Design
餐厅墙面色彩能影响人们就餐时的情绪,因此餐厅装修绝不能忽略色彩的作用。

Comment on Design

以银灰色抽象图案的艺术玻璃装扮餐厅墙面, 平添几分时尚。

Comment on Design
一幅个性装饰画装点的餐
厅背景墙，富于时尚感。

墙面壁纸施工的注意事项

壁纸施工，最关键的技术是防霉和伸缩性的处理。

防霉的处理。壁纸张贴前，需要先把基面处理好，可以用双飞粉加熟胶粉进行批烫整平。待其干透后，再刷上一两遍清漆，然后再行张贴。

伸缩性的处理。壁纸的伸缩性是一个老大难问题，要解决就要从预防着手，一定要预留0.5mm重叠层。有一些人片面追求美观而把这个重叠层取消，这是不妥的。此外，应尽量选购一些伸缩性较好的壁纸。

Comment on Design
黑色调的餐厅墙面搭配白色系的餐桌椅，彰显餐厅环境的时尚个性。

Comment on Design
餐厅墙面的装饰手法多种多样, 但必须根据实际情况, 因地制宜, 才能达到良好的效果。

Comment on Design
餐厅墙面的装饰色彩搭
配很重要，因为在就餐
时，色彩对人们的心理
影响是很大的。

Comment on Design

墙面的色彩应以明朗轻快的色调为主，经常采用的是橙色与黄色这样的"姐妹"色。

Comment on Design

白色的实木餐桌搭配白色实木与紫色布艺镶包的餐椅, 使就餐环境浪漫温馨。

卧室背景墙设计应该注意什么?

　　卧室背景墙设计不一定要富丽奢华，简单的花朵背景墙就可让人感到温暖无比，一幅简单却寓意玄妙的抽象几何画能让你的卧室看起来充满艺术气质。中式风格的卧室里也无需水墨山水画，一首白纸黑字的诗词条幅就是最好的装饰，素净而文雅。浪漫一派可以用曲线柔美的铁艺饰品，简单一挂，墙面立即娇媚有加，令人过目不忘。

卧室背景墙
Bedroom Background Wall

Comment on Design
黄色底纹、咖啡色系圆圈图案装饰壁纸，给卧室背景墙增添了灵动的感觉。

Comment on Design

黑白条相间的墙面图案装饰，与蓝色的床品相融合，展现了空间的艺术魅力。

Comment on Design
背景墙以胡桃木抽象云纹为装饰，在灯光的作用下，给人立体感极强的视觉感受。

卧室床头背景墙施工应该注意什么？

　　按床宽选适宜的高度，背景也可以一直到顶。同时，要预先布好灯线，留出灯头电源及开关线源或其他插座的电源线。按照预定的宽度、高度把木龙骨做成井字排架，木排架的纵横间距应在 300mm 左右，然后钉上一般的三合板。在平整的胶合板板面上，用带有塑料泡沫底子的壁布粘贴。由于泡沫壁布有一定的厚度，且具弹性，因此，可预先在其上缝纫出线型，分割成适宜的浮雕状几何图案。粘贴固定之后，周边用木线压封住，或根据房间的总体效果采用细白钢管来圈定边框并加以固定。

Comment on Design

墙砖造型的艺术壁纸装点着床头背景墙，个性时尚，为空间增色不少。

Comment on Design

床头背景墙以灰色圆形肌理壁纸与艺术玻璃
装饰，展现了空间的艺术魅力。

Comment on Design

素雅的白色调背景
墙，在几幅装饰画的
点缀下，凸显卧室空间
的简约。

Comment on Design

白色素雅的壁纸，用搁物架的形式来装点背景墙，装饰品可以随心情更换，打造了个性的空间。

卧室背景墙色彩如何设计?

　　卧室背景墙色彩选择，应以和谐、淡雅为宜。对局部的原色搭配应慎重。稳重的色调较受欢迎，如绿色系活泼而富有朝气，粉红系欢快而柔美，蓝色系清凉浪漫，灰色调或茶色系灵透雅致，黄色系热情中充满温馨。想让卧室走优雅路线，就要放弃艳丽的颜色，略带灰调子的颜色，如灰蓝、灰紫都是首选。比如，灰白相间的花朵壁纸就可把优雅风范演绎到极致。

Comment on Design

乳白色调的床头背景墙, 就算时间久了也不会让人感觉到沉闷。

Comment on Design

床头背景墙的层次感，映衬着蓝色抽象装饰画，丰富了空间的整体视觉效果。

Comment on Design

淡黄色、淡粉色的浅色调背景墙所营造的宁静氛围能够让烦闷的心情得到平复。

Comment on Design
黑白色调的背景墙装饰，好似拼图游戏，给卧室增添了时尚风情。

卧室背景墙选材应该注意什么？

　　市场上可供用于卧室墙面装饰的材料很多，有内墙涂料、PVC 墙纸以及玻璃纤维墙纸等。在选择上，首先应考虑与房间色调及与家具是否协调的问题。卧室的色调应以宁静、和谐为主旋律，面积较大的卧室，选择墙面装饰材料的范围比较广；而面积较小的卧室，小花、偏暖色调、浅淡的图案较为适宜。在选择卧室墙面的装饰材料时，材料的色彩宜淡雅一些，太浓的色彩一般难以取得较满意的装饰效果，选用时应予以注意。

Comment on Design

雅致的白色卧室背景墙，蕴藏的是对精致生活的理解。

Comment on Design
红色的热烈、白色的纯净，共同打造了流行风格的背景墙色彩。

Comment on Design

紫色调花卉壁纸图案与床品的色调相互呼应，给卧室空间带来神秘浪漫的色彩。

Comment on Design

三幅装饰画点缀着淡粉色调的背景墙，使卧室浪漫温馨。

如何设计实用型卧室背景墙？

搁板取代床头柜：一个小小的搁板，同时利用平面和下端挂钩打造出双层收纳效果。上端可以放置书本、相框等，下端可以挂一些手链、手表等，一般临睡前的小杂物都能顺手安置，完全取代了床头柜。

木条架取代衣帽架：衣帽架是现代居室中必不可少的，但是传统的衣帽架样式厚重，如果还添加到小户型中，反而占用了空间。不如把这一功能移到背景墙上，用木条拼出随意的图案，格子间可以插上照片或者留言板，钉上一些钉子就能挂衣帽，再加上一层搁板还能置物。随意百变的方式最适合小户型选用。

简易搁架取代装饰柜：普通的横向搁架大家常常用到，但是竖起来、倒过来也有妙用。利用搁架的不同造型不仅让背景墙显得更美观更生动，不同大小的搁板位置还能放置不同的装饰，起到装饰架的妙用。

Comment on Design

方圆结合不仅体现在墙面的装饰上，也在空间的家具和灯饰上获得呼应。